BEI GRIN MACHT SICH IHR WISSEN BEZAHLT

- Wir veröffentlichen Ihre Hausarbeit, Bachelor- und Masterarbeit

- Ihr eigenes eBook und Buch - weltweit in allen wichtigen Shops

- Verdienen Sie an jedem Verkauf

Jetzt bei www.GRIN.com hochladen und kostenlos publizieren

Bibliografische Information der Deutschen Nationalbibliothek:

Die Deutsche Bibliothek verzeichnet diese Publikation in der Deutschen National-
bibliografie; detaillierte bibliografische Daten sind im Internet über http://dnb.d-
nb.de/ abrufbar.

Impressum:

Copyright © 2017 GRIN Verlag
Druck und Bindung: Books on Demand GmbH, Norderstedt Germany
ISBN: 9783668923751

Dieses Buch bei GRIN:

https://www.grin.com/document/460850

Nicole Ziebarth

Leistungs- und Breitensport. Von dem physiologischen Ablauf bei körperlicher Belastung bis hin zum Gesundheitswert und einhergehende Auswirkungen auf den Körper

GRIN Verlag

Gymnasium Geretsried   **Oberstufenjahrgang 2016/18**

Seminararbeit

Im W- Seminar: Humanbiologie

Thema: Leistungs- und Breitensport: Von dem

physiologischen Ablauf bei körperlicher

Belastung bis hin zum Gesundheitswert und

einhergehende Auswirkungen auf den Körper

Verfasserin: Nicole Ziebarth

Abgabetermin: 7. November 2017

Inhalt

I. Der Gesundheitswert von Leistungs- und Breitensport in Bezugnahme auf Bertolt Brecht

„Der große Sport fängt da an, wo er längst aufgehört hat, gesund zu sein"

Dieses Diktum äußerte Bertolt Brecht 1928 angesichts seines Aufsatzes „Die Krise des Sports". Obgleich er selbst keinen Sport trieb, bekannte er sich als begeisterter Zuschauer des Boxsports. Nachdem er sich damit über Jahre hinweg auseinandergesetzt hatte, offenbarte er sich der Ansicht je vernünftiger und gesellschaftsfähiger der Sport werde, desto schlechter werde er.[1] Er widersetzte sich der gesundheitspolitischen Auffassung des Sportes und bekundete „richtigen Sport" als solchen der mit Leidenschaft und Risiko, wie etwa im Leistungssport, betrieben wurde. Aufgrund unvernünftiger Verhaltensweisen und auftretender gesundheitsschädlicher Auswirkungen auf den Körper, kann Sport also nicht zwangsläufig mit körperlicher Fitness und Gesundheit gleichgesetzt werden. Stehen sich zwei Extreme, wie etwa der Leistungs- und Wettkampfssportler, der sich im Grenzbereich menschlicher Leistungsfähigkeit aufhält und seine Gesundheit durch hohe und regelmäßige Belastungen und psychischem Druck beeinträchtigen könnte und der „Bewegungsfaule", der durch die Entwicklung zur Industriegesellschaft, seiner meist im Sitzen ausgeführten Berufstätigkeit und seinem präferierten „gemütlichen" Lebensstil, reduzierte Leistungsreserven aufweist, sowie mit hoher Wahrscheinlichkeit an einer Zivilisationskrankheit erkranken wird, gegenüber, so kann keiner der Beiden als „gesund" betitelt werden. Diese wissenschaftliche Arbeit soll sich mit der Frage nach dem Gesundheitswert von (Leistungs-)Sport befassen. Darunter sollen Motivgründe, Ziele und Risiken, sowie die gesellschaftliche Bedeutung zur Gesunderhaltung eines jeden Individuums analysiert werden. Es soll untersucht werden, ob sich sogenannte Zivilisationskrankheiten, wie etwa Herzinfarkte, Adipositas und Bluthochdruck durch Sport bewältigen lassen. Um dies nachzuvollziehen, befasst sich diese Arbeit zunächst mit den grundlegendsten physiologischen Abläufen des Körpers, sowie der Auswirkung von körperlicher Belastung, wie diese etwa beim Sport der Fall ist. Schlussendlich soll

---

[1] Vgl. http://www.dslv-bayern.de/wp-content/uploads/2016/03/DSLV_Haeft_02_15.pdf, aufgerufen am 15.10.2017.

analysiert werden, ob sich die Waage zwischen den Extremen finden lässt, um ein gesundheitsförderndes Optimum an Sport zu erkennen, wie auch warum dieser einen hohen Stellenwert in unserer Gesellschaft haben sollte.

II. Von dem physiologischen Ablauf bei körperlicher Belastung bis hin zum Gesundheitswert und einhergehende Auswirkungen auf den Körper

1. Anatomisch-Physiologische Grundlagen für das Verständnis von körperlicher Aktivität

1.1 Das Skelettsystem

1.1.1 Anatomie von Wirbelsäule und Gelenken

Die bedeutsamsten Aufgaben des Skelettsystems bestehen in der Stabilisation des Körpers, dem Schutz von lebenswichtigen Organen, wie Herz, Lunge und Leber, als auch darin, Bewegungen auszuführen.[2] Dabei unterscheidet man in fest, als „Haften" oder „Synarthrosen" bezeichnet, und beweglich (Gelenke) miteinander verbundene Knochen.[3] Während Haften sich in aus Bindegewebe bestehende Bandhaft, aus Knorpel bestehende Knorpelhaft, oder in die sich daraus entwickelte Knochenhaft unterteilen, lassen sich Gelenke in vier charakteristische Typen gliedern: das Kugelgelenk, das Scharniergelenk, das Zapfengelenk und das Sattelgelenk.[4] Ausbauend lassen sich noch Eigelenke (vgl. Handwurzelgelenk) und plane Gelenke zu den Gelenktypen addieren.[5] Allgemein gilt, dass der Gelenkkopf durch seine Form exakt in die Gelenkpfanne passt und damit die Bewegung in eine oder mehrere vorgegebene[n] Achse[n], die sich durch die Gelenkart erschließt, ermöglicht. Unterdessen gestattet das Kugelgelenk, welches beispielsweise in

---

[2] Vgl. Marées, Mester, Sportphysiologie I, 2. Auflage, Frankfurt, 1991, S. 9.
[3] Vgl. ebd., S.9.
[4] Vgl. ebd., S.11.
[5] Vgl. https://www.lernhelfer.de/schuelerlexikon/biologie-abitur/artikel/gelenkformen, aufgerufen am 15.06.2017.

Hüfte und Schulter vorzufinden ist, Bewegungen um beliebig viele Achsen, wohingegen Scharnier- und Zapfengelenk (vgl. Oberarm-Ellen-Gelenk; Gelenk zwischen 1. und 2. Halswirbel) Bewegungen nur um eine, und das Sattelgelenk (vgl. Daumensattelgelenk) Bewegungen um zwei Achsen vollziehen kann.[6]

Den zentralen Teil des Skelettsystems stellt die Wirbelsäule dar, deren hauptsächliche Aufgabe darin besteht, das im Wirbelkanal verlaufende Rückenmark zu schützen, sowie den Schulter- und Beckengürtel zu verbinden, den Körper aufrecht zu halten, als auch den Kopf frei beweglich zu tragen.[7] Ihre Zusammensetzung erschließt sich aus einem Abwechseln von festem Knochen (Wirbelkörper) und weichem Knorpel, den sogenannten Bandscheiben. Der menschliche Körper weist 24 freie Wirbelkörper, gebildet von den sieben Halswirbeln, den zwölf Brustwirbeln, sowie den fünf Lendenwirbeln und zwei Verschmolzene, das Kreuz- und Steißbein auf.[8] Durch eine konvexe Krümmung (nach hinten) des Hals-, Brust-, und Lendenteils entsteht die für die Wirbelsäule charakteristische sogenannte „Doppel-S-Form", durch welche sie auf ihre Längsachse einwirkende Stöße federnd abfangen kann.[9] Ein einzelner Wirbel setzt sich aus einem „Wirbelkörper und dem sich nach hinten (dorsal) anschließenden Wirbelbogen, durch den der Wirbelkanal, umschlossen wird"[10] zusammen, wobei die am oberen und unteren Rand vom Wirbelkörper vorzufindenden Vertiefungen ein sogenanntes Zwischenwirbelloch (Foramen intervertebrale) bilden, welches wiederum den Zugang für Rückenmarksnerven bildet.[11] „Die Wirbelkörper sind durch ein vorderes und ein hinteres Längsband, sowie über Zwischenwirbelscheiben (Bandscheiben) miteinander verbunden. Darüber hinaus spannen sich weitere Bänder zwischen den knöchernen Fortsetzen der Wirbel aus."[12]

---

[6] Vgl. Marées, Mester, Sportphysiologie I, 2. Auflage, Frankfurt, 1991, S.10.

[7] Vgl. http://www.operation-endoprothetik.de/wirbelsaeule/#, aufgerufen am 15.06.2017.

[8] Vgl. ebd.

[9] Vgl. Marées, Mester, Sportphysiologie I, 2. Auflage, Frankfurt, 1991, S.14, S.15.

[10] Ebd., S.17.

[11] Vgl. http://flexikon.doccheck.com/de/Foramen_intervertebrale, aufgerufen am 15.06.17.

[12] Marées, Mester, Sportphysiologie I, 2. Auflage, Frankfurt, 1991, S.17.

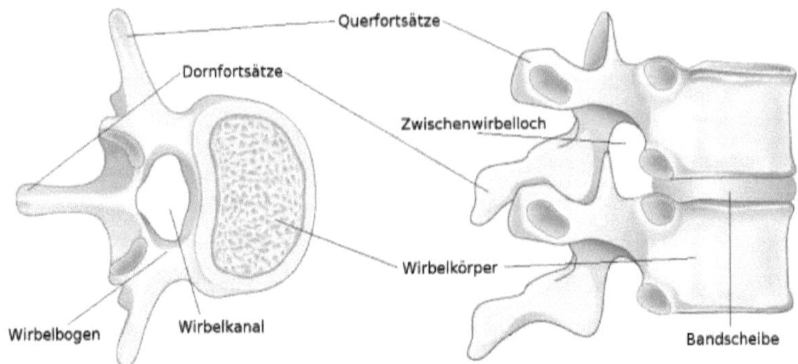

Abb. 1: Struktur der Wirbelkörper

Obgleich aufgrund der Bandverbindung zwischen den Wirbelkörpern zwei benachbarte Wirbel nur eingeschränkt beweglich sind, entsteht beim Summieren der Teilbewegungen der einzelnen Wirbelbewegungen eine recht hohe Beweglichkeit der Wirbelsäule, unter welche die Beugung und Streckung der Medianebene (vertikale Ebene), die seitliche Neigung in der Fronatalebene, als auch die Drehung um die Längsachse eingeordnet werden können.

1.1.2 Berücksichtigung anatomischer Gegebenheiten für eine präventive Sportpraxis

Der Körper ist darauf ausgerichtet Adaptionen vorzunehmen, insofern eine Veränderung jeglicher Art vorgenommen wurde. Wirken also vermehrt Belastungen auf den Körper ein, so passen sich auch Knochen und Gelenke an die einwirkenden Kräfte an. Bezieht man sich auf hohe mechanische Belastung, wie diese im Krafttraining der Fall ist, so verdickt sich nicht nur wie intendiert der Muskel selbst, sondern auch dessen „Muskelsehnen, die an den Anhaltestellen (Insertionsstellen) in den Knochen einstrahlen und ebenso zur Verdickung dessen Gewebes führen, was die Bildung eines Knochenvorsprungs (Höcker, Rauigkeit), der den Sehnenansatz ummauert"[13] nach sich ziehen kann. Ebenso ist eine Verdickung des Durchmessers der langen Röhrenknochen,

---

[13] Marées, Mester, Sportphysiologie I, 2. Auflage, Frankfurt, 1991, S.21.

beispielsweise beim Schienbein-, und Oberschenkelknochen, sowie des Knorpelüberzugs an den Gelenkflächen, als auch eine Verstärkung des Knochenmantels bei wiederholter mechanischer Belastung zu erwarten.[14] Gleichermaßen wie eine Stärkung des Knochens und des Gelenks, kann durch verschiedene auslösende Faktoren, wie beispielsweise Überbelastung und falsche technische Ausführung der betreffenden Bewegungsabläufe auch eine Verletzung herbeigeführt werden. Darunter fallen Distorsionen als Überbegriff für Stauchungen und Zerrungen, welche als „unphysiologische Beanspruchungen eines Gelenkes über den aktiv erreichbaren Bewegungsausschlag hinaus"[15] bezeichnet werden und die berüchtigten Meniskus- und Kreuzbandverletzungen umfassen. Kontusionen bezeichnen die Überordnung der „Prellungen oder Quetschungen von Gewebe durch stumpfe Gewalteinwirkung"[16], wobei Knochenkontusionen als „Vorstufe des Knochenbruchs aufgefasst und [...] oft von Blutergüssen unter der Knochenhaut (Periost) oder in das Knochenmark begleitet [...] werden."[17] Die Luxation gilt als Überbegriff für Gelenkverrenkungen, bei denen es sich um „Verschiebungen von Gelenkflächen, die sonst miteinander in Kontakt stehen [handelt], [...] [und wobei] es oft auch zu Rissen der Gelenkkapsel [kommt]."[18] Im gravierendsten Fall spricht man von einer Fraktur, wenn durch plötzliche Gewalteinwirkung eine Zusammenhangstrennung des Knochens, ein Knochenbruch, entsteht.[19]

1.1.3 Anfälligkeit der Wirbelsäule im Bezug auf Schäden im Leistungssport

Auch im Bereich der Wirbelsäule kann es durch regelmäßige sportliche Beeinflussung zu Anpassungen an die belastenden Kräfte kommen, die sich auf die Leistungsfähigkeit auswirken. Jedoch besteht besonders bei der Wirbelsäule die Gefahr einer irreversiblen, leistungsminimierenden Veränderung, die durch Überlastung oder unphysiologische Beanspruchung hervorgerufen werden kann.[20] Jedoch variiert die Grenze zwischen einer

---

[14] Vgl. ebd., S.21.
[15] Ebd., S.31.
[16] Ebd., S.35.
[17] Ebd., S.35.
[18] Ebd., S.35.
[19] Vgl. ebd., S.37.
[20] Vgl. Marées, Mester, Sportphysiologie I, 2. Auflage, Frankfurt, 1991, S.23.

funktionellen Belastung, die die Leistungsfähigkeit der Wirbelsäule verbessert und einer Überbelastung von Mensch zu Mensch, was sich anhand angeborener Anomalien, genetisch bedingter Unterschiede in der Gewebefestigkeit, sowie chronischer Infektionen und ungenügend durchblutetem Gewebe erklären lässt.[21] Die Anfälligkeit der Wirbelsäule auf Verletzungen oder Überlastung ist insbesondere anhand der Häufigkeit von Rückenbeschwerden im hohen Alter zu belegen. Bezieht man sich auf das Heben von schweren Lasten, so ist besonders in der Lendenwirbelsäule im Bereich des 5. Lendenwirbels mit der darunterlegenden Bandscheibe die Belastung hoch genug, um bei „falschem Heben" für Unbehagen und erste Schmerzanzeichen zu sorgen, welche durch die Stärkung der Rückenstreckmuskulatur präventiert werden kann.[22] Des Weiteren können im unteren Lendenwirbelbereich „ [d]urch häufige asymmetrische und hohe Belastungen der Bandscheibe [...] Einrisse im Faserknorpelring entstehen. Bei erneuter Belastung können Teile des Gallertkerns in die Rissstellen eindringen und sich als Vorfall (Prolaps) des Bandscheibengewebes nach vorn (bauchwärts), nach hinten oder nach hinten-seitlich vorwölben."[23] Dies kann starke Schmerzen, die meist durch die Verlagerung der Bandscheibe in Richtung des Zwischenwirbellochs mit den dort befindlichen Nerven entstehen, sowie chronisch irreversible Leistungseinbußen herbeiführen.[24]

1.2 Die Skelettmuskulatur

1.2.1 Anatomischer Aufbau der Skelettmuskulatur

Angelagert an das Skelettsystem des Menschen ist die Skelettmuskulatur, dessen primäre Aufgabe, in Verbindung mit dem Nervensystem, die Ermöglichung von aktiver und kontrollierter Bewegung in unterschiedliche Richtungen ist.[25] „Im Gegensatz zu einem Teil der glatten Muskeln [...] und zum Herzmuskel, deren Fasern (= Muskelzellen) durch Gap Junctions (= Nexus) elektrisch miteinander gekoppelt sind [...], werden die

---

[21] Vgl. ebd., S.25.
[22] Vgl. ebd., S.23.
[23] Ebd., S.27.
[24] Vgl. ebd., S.27.
[25] Vgl. Marées, Mester, Sportphysiologie I, 2. Auflage, Frankfurt, 1991, S.43.

(Zuckungs-)Fasern des [quergestreiften] Skelettmuskels nicht durch benachbarte Muskelzellen, sondern durch das zugehörige motorische Neuron (Motoneuron) erregt [...]." [26] Außerdem wird bei der Skelettmuskulatur zwischen rot erscheinender Muskulatur, was auf viel enthaltendes Myoglobin zurückzuführen ist, und durch wenig enthaltendes Myoglobin weißer Muskulatur unterschieden. Das Myoglobin dient hierbei, ähnlich wie beim Hämoglobin, als Sauerstofflieferant.

Der einzelne Muskel der Skelettmuskulatur besteht aus einer Anzahl von Strängen, welche sich aus Bündeln von Muskelfaserzellen zusammenschließen und innerhalb dieser sogenannte kontraktile Fibrillen, bestehend aus unterschiedlich dicken Eiweißfäden (Aktin und Myosin), die als Myofilamente bezeichnet werden, parallel zueinander verlaufen und als Einheit ein Sarkomer bilden. [27] Mehrere Sarkomere werden als Myofibrille zusammengefasst.

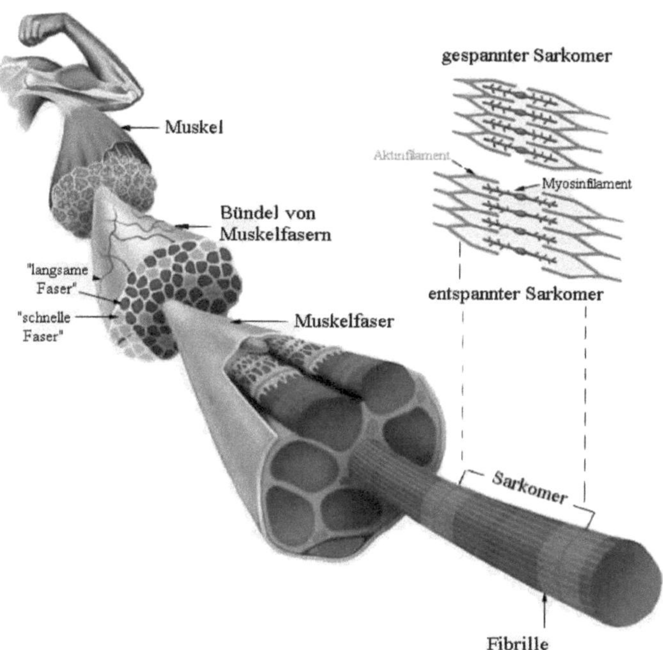

Abb.2: Struktur des Skelettmuskels

---

[26] Silbernagl, Despopoulos, Taschenatlas Physiologie, 8. Auflage, Stuttgart, 2012, S.62.
[27] Vgl. Marées, Mester, Sportphysiologie I, 2. Auflage, Frankfurt, 1991, S.43.

Der Muskel steht dabei in Verbindung mit der Ursprungssehne und der Ansatzsehne, welche die Verbindung zum Knochen darstellen und die durch den erforderlichen Kontraktionsvorgang die Kraft auf das Skelettsystem übertragen. [28] Durch das Durchlaufen einer vorgelagerten Knorpelzone, wird die gedämpfte Übertragung der vom Muskel entwickelten Kraft auf den Knochen möglich.[29] Um bei Bewegung eine Reibung der Sehnen mit dem umgebenden Gewebe zu vermindern, sind sogenannte Sehnenscheiden, bestehend aus flüssigkeitsgefüllten Gleitröhren, dort angebracht, wo Sehnen abgewinkelt über Knochenvorsprünge verlaufen.[30]

1.2.2 Physiologische Gesetzmäßigkeit des Kontraktionsvorgangs

„Jegliche Muskelkontraktion ist das Resultat zahlreicher asynchron verlaufender Verkürzungen der einzelnen Muskelzellen oder Muskelfasern, letztlich ihrer subzellulären kontraktilen Elemente, der Myofibrillen, und sie erfolgt bei allen Muskeltypen unter ATP-Verbrauch (Adenosintriphosphat) aufgrund der gleichen molekularen Grundprozesse (kontraktile Proteine, Muskelproteine), welche an der hochgeordneten quergestreiften Muskulatur der Wirbeltiere am besten untersucht sind.“[31] „Während der Kontraktion gleiten die dünneren Aktinfilamente in den Raum zwischen den dickeren Myosinfilamenten hinein.“[32] Zu beachten ist allerdings, dass es bei einer Kontraktion nicht zu einer Verkürzung der Aktin- und Myosinfilamente kommt, sondern nur eine Verringerung des Abstands zwischen zwei sogenannten „Z-Streifen“ auftritt. [33] Ebenso werden bei einer Dehnung der Muskulatur die Aktin- und Myosinfilamente nicht wesentlich verlängert, sondern wird das Bündel der dünneren Filamente, also Aktin, aus dem Bereich der dickeren Filmende, also Myosin herausgezogen, womit der Grad der Überlappung der Filamente abnimmt und das Sakromer länger wird, also eine Breite von mehr als zwei Mikrometern einnimmt.[34]

---

[28] Vgl. Marées, Mester, Sportphysiologie I, 2. Auflage, Frankfurt, 1991, S.45.
[29] Vgl. ebd., S.45.
[30] Vgl. ebd., S.45.
[31] http://www.spektrum.de/lexikon/biologie/muskelkontraktion/44457, aufgerufen am 02.09.2017.
[32] Marées, Mester, Sportphysiologie I, 2. Auflage, Frankfurt, 1991, S.51.
[33] Vgl. ebd., S.51.
[34] Vgl. ebd., S.51.

1.2.3 Die Beeinflussung der Muskulatur durch Training

Mit dem sich auf die Skelettmuskulatur auswirkenden Krafttraining intendieren Sportler meist die Zunahme der Muskelkraft, den Anstieg der Kontraktionsgeschwindigkeit des Muskels, sowie die Verbesserung der lokalen Muskelausdauer.[35] Einige Faktoren, die die Leistung des Muskels bestimmen, sind dabei zu beachten. Bei der Art der Muskelfaser wird nach Myoglobingehalt der Faser die aerobe („rote Muskelfaser") und die anaerobe („weiße Muskelfaser") Energiegewinnung unterschieden. Die Art der Muskelarbeit grenzt statische Haltearbeit und dynamische Arbeit voneinander ab. Ebenso entscheidend für die Muskelkraft ist der Querschnitt des Muskels, dessen Größe proportional zur vom Muskel maximal entwickelten Kraft steht [36], sowie die Ausgangslänge der Muskelfasern, da sich bei der sogenannten Ruhelänge der Muskeln „die Aktin- und Myosinfilamente gerade so weit überlappen, dass eine maximale Anzahl von erforderlichen Brückenbildungen pro Zeiteinheit möglich ist."[37] Auch vom Lastwiderstand hängt die Verkürzungsgeschwindigkeit ab, die einen weiteren die Muskelleistung bestimmenden Faktor darstellt. Unterzieht man sich einem systematischen Krafttraining, so kann die Muskelkraft, welche sich in drei Dimensionen einteilen lässt, gesteigert werden. „Die Maximalkraft ist der höchstmögliche Kraftbetrag, den das Nerv-Muskelsystem bei maximaler willkürlicher Kontraktion gegen einen Widerstand aufbringen kann."[38] „Die Schnellkraft [...] ist die Fähigkeit des Nerv-Muskelsystems, optimal schnell einen möglichst hohen Kraftfluss (Impuls) aufzubauen, das heißt Widerstände mit einer größtmöglichen Kontraktionsgeschwindigkeit zu überwinden [...]."[39] Die Kraftausdauer ist die von dem maximalen Kraftbetrag abhängige Widerstandsfähigkeit vor Ermüdung.[40] Bei einer allgemeinen Steigerung des maximalen Kraftbetrags kann man nach heutigem physiologischen Erkenntnisstand entgegen des Irrglaubens, dass bei Training die Anzahl der Muskelfasern zunähme, davon ausgehen, dass der Kraftzuwachs durch eine

---

[35] Vgl. ebd., S.67.
[36] Vgl. ebd., S.71.
[37] Ebd., S.75.
[38] https://www.shiatsu-austria.at/index.php/42-basiswissen/402-erscheinungsformen-der-muskelkraft, aufgerufen am 09.09.2017.
[39] Ebd., aufgerufen am 09.09.2017.
[40] Vgl. ebd., aufgerufen am 09.09.2017.

Vergrößerung des Muskelfaserquerschnitts erreicht wird.[41] Dieser Dickenwachstum wird als trainingsbedingte Hypertrophie bezeichnet und ist auf die während der Kontraktion in der Muskelfaser entwickelte mechanische Spannung und nicht etwa auf einen Sauerstoffmangel zurückzuführen.[42] Dennoch kommt es hierbei zu einer Zunahme der Anzahl von kontraktilen Eiweißverbindungen in Form von Aktin und Myosin.[43]

1.3 Das Herz-Kreislaufsystem und Sauerstoffversorgung unter sportlicher Belastung

1.3.1 Allgemeiner Einblick in das Herz-Kreislaufsystem

Um den Körper sowohl im Ruhezustand, als auch bei körperlicher Aktivität mit lebenswichtigen Nähr- und Wirkstoffen, sowie Sauerstoff zu versorgen, wird durch das rhythmische Pumpen des Herzens Blut durch die Arterien zu den verbrauchenden Organen, ebenso der Muskulatur, sowie durch die Venen zurück zum Herzen transportiert. Bei dem damit gebildeten Blutkreislauf unterscheidet man zwischen der Hochdruck- und der Niederdruckseite. Dabei wird arterielles, sauerstoffreiches Blut aus der linken Herzkammer zu den Organen gepumpt. Auf der Niederdruckseite wird venöses, sauerstoffarmes Blut von den Organen zum rechten Vorhof des Herzens zurückgeführt, um über die rechte Herzkammer zur erneuten Sauerstoffanreicherung in die Lunge gepumpt zu werden. Daraufhin gelangt das Blut über den linken Vorhof in die linke Herzkammer in die Hochdruckseite und schließt den doppelten Blutkreislauf. Bei Betrachtung des Herzens wird eine anatomische Zweiteilung durch eine Trennwand deutlich, die die Vermischung von arteriellem und venösem Blut verhindert.[44]

---

[41] Vgl. Marées, Mester, Sportphysiologie I, 2. Auflage, Frankfurt, 1991, S.79.
[42] Vgl. ebd., S.81.
[43] Vgl. ebd., S.81.
[44] Vgl. Marées, Mester, Sportphysiologie I, 2. Auflage, Frankfurt, 1991, S.143.

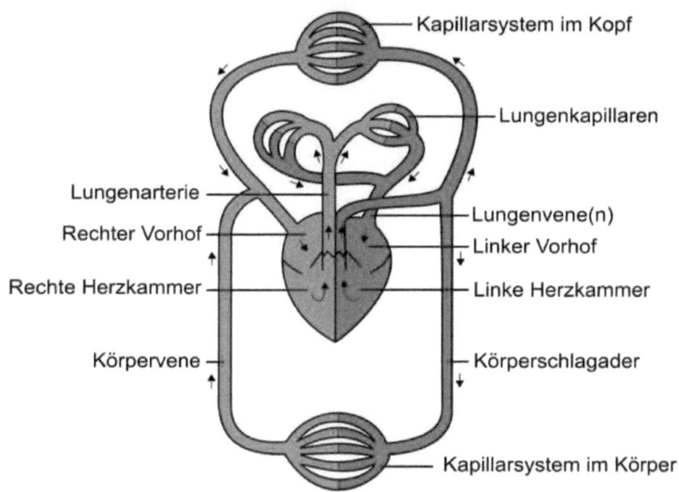

Abb. 3: Modell des Herz-Kreislaufsystems

Die Pumptätigkeit des Herzens wird in zwei sich stetig wiederholende Phasen, der Kontraktionsphase (Systole) und der Erschlaffungsphase (Diastole), gegliedert. Um bei der Systole das Blut über die Pulmonalklappe in den Lungenkreislauf und über die Aortenklappe in den Körperkreislauf befördern zu können, baut das Herz zunächst den benötigten Druck durch das Schließen aller vier Herzklappen auf.[45] Nachdem sich der Druck durch das Öffnen der Taschenklappen entladen hat und das Blut durch die weitlumigen Fernleitungen und den feinen Kapillargefäßen Organe und Gewebe im Körper versorgt hat, fließt das Blut in der Diastole in die entspannten Herzhohlräume zurück.[46] Um bei dem Kontraktionsvorgang einen Rückfluss des Blutes in die Herzkammern zu verhindern, ist die Effektivität des Herzens durch Herzklappen mit Ventilfunktion gesichert.[47] Der eigentliche Stoff- und Flüssigkeitsaustausch zwischen Blut und Gewebe erfolgt an den Kapillaren, deren Anzahl in Bereichen mit höherem Bedarf, wie beispielsweise bei Muskelarbeit, proportional zunimmt, um Wasser und

---

[45] Vgl. http://www.albertinen-herzzentrum.onlinegesundheitswelt.de/scripts/show.aspx?content=/health/kardiologie/gw_herz/herz/aufgaben/systole, aufgerufen am 08.10.2017.
[46] Vgl. Marées, Mester, Sportphysiologie I, 2. Auflage, Frankfurt, 1991, S.145.
[47] Vgl. ebd., S.143.

benötigte Stoffe, wie Sauerstoff und Glucose, in ausreichender Menge aus dem Blut durch die Wand der Kapillaren und den Raum zwischen den Zellen (= Interstitium) in die Muskelzellen transportieren zu können.[48] Die Versorgung der Zellen mit den benötigten Stoffen und Gasen, sowie der Abtransport von Kohlenstoffdioxid geschieht durch Diffusion und Filtration, welche durch ein Konzentrationsgefälle, sowie auszugleichende Gaspartialdruckgefälle angetrieben werden.[49]

1.3.2 Einfluss von sportlicher Aktivität auf das Herz-Kreislaufsystem

„Da sich der Blutbedarf in der arbeitenden Muskulatur gegenüber dem Ruhestand stark erhöht, muss das Herz seinen Blutvolumenauswurf steigern."[50] „Das wird allerdings nicht nur durch eine Steigerung der Herzfrequenz (= Anzahl der Herzschläge pro Minute), sondern auch noch durch eine Erhöhung der pro Herzschlag ausgeworfenen Blutmenge [= Schlagvolumen] erreicht."[51] Das Schlagvolumen kann durch die Zunahme des Füllungsdrucks am Ende der Diastole, durch die Zunahme der Kontraktionskraft des Herzens, welche durch die Aktivität der sympathischen Nerven, die zum Herz ziehen, beeinflusst wird, sowie durch die Abnahme des diastolischen Blutdrucks in den herznahen Arterien gesteigert werden.[52] Um den bei körperlicher Aktivität ansteigenden Stoffbedarf ebenso zu stillen, öffnen sich vorher verschlossene Kapillaren und bereits geöffnete erweitern sich durch den steigenden Innendruck, womit die Austauschfläche zwischen Blut und Gewebe vergrößert wird und gleichzeitig mehr Blut pro Zeiteinheit durch das erweiterte Kapillarbett strömen kann, um das Konzentrations- und Partialdruckgefälle konvex zu halten.[53] Gleichermaßen erhöht sich bei körperlicher Aktivität das Stromzeitvolumen in den Venen. „Dieser Anstieg kann von dem venösen System nur dadurch bewältigt werden, dass sich das Druckgefälle, das das Blut zum Herzen zurücktransportiert, in den Venen erhöht."[54] Erhöht werden kann dieser einerseits

---

[48] Vgl. Marées, Mester, Sportphysiologie I, 2. Auflage, Frankfurt, 1991, S.157.
[49] Vgl. ebd., S.157.
[50] Ebd., S.145.
[48] Ebd., S.145.
[52] Vgl. ebd., S.151.
[53] Vgl. ebd., S.157.
[54] Marées, Mester, Sportphysiologie I, 2. Auflage, Frankfurt, 1991, S.161.

durch die vertiefte Einatmung, wodurch der Druck in der Thoraxregion und somit der Druck in den herznahen Venen sinkt, was die Weitung der Venen in diesem Bereich und die Verringerung der Innendrücke zur Folge hat.[55] Andererseits kann dieser auch durch die Erhöhung des Druckes in den Venen der Körperperipherie, welche durch die Kontraktion der Skelettmuskulatur zustande kommt und damit die herzwärts fließenden Venen wie einen „Gummischlauch" leerpumpt, gesteigert werden.[56] Die Durchblutungssteigerung, sowie die Erhöhung des vom Herzen erzeugten Blutdrucks erfolgt durch die Verringerung des Widerstandes in den peripheren Gefäßen, welche durch die lokale Anhäufung chemischer Substanzen, wie Kohlenstoffdioxid, Kalium und Adenindiphosohat eine Gefäßweitstellung herbeiführen und damit den Strömungswiderstand verringern.[57] So kann eine Deckung des erhöhten Energiebedarfs gewährleistet werden. Zudem wirkt sich die lokal-chemische Regulation der Gefäßweitstellung auf zentrale vegetative Stellen im Gehirn aus, welche die Steigerung der Herzfrequenz, die Zunahmahme des Schlagvolumens, die Verengung der Gefäße in der nicht arbeitenden Muskulatur, sowie die Zunahme der Atemfrequenz und des Atemzugvolumens hervorrufen.[58] Alle genannten Reaktionen dienen letztlich dem Zweck, den erhöhten Bedarf an Sauer-, Wirk- und Nährstoffen zu decken. Das Mehrangebot des Sauerstoffs muss aber auch effizient ausgeschöpft werden. Wird die körperliche Aktivität im submaximalen Bereich konstant gehalten, so wie es beispielsweise im Dauerlauf der Fall ist, so wird der Sauerstoffmehrbedarf in der Muskulatur durch die erhöhte Sauerstoffaufnahme, durch aerobe Arbeit, quantitativ abgedeckt.[59] „[Wird die Belastung beispielsweise im Sprint gesteigert], so kann der wachsende Sauerstoffbedarf [...] trotz maximaler Sauerstoffausschöpfung in der Peripherie nicht mehr gedeckt werden [und] [d]ie Arbeit wird zunehmend anaerob geleistet und kann nur für kurze Zeit (20-40 Sekunden) durchgehalten werden."[60]

---

[55] Vgl. ebd., S.161.
[56] Vgl. ebd., S.161.
[57] Vgl. ebd., S.170.
[58] Vgl. ebd., S.175.
[59] Vgl. ebd., S.175.
[60] Marées, Mester, Sportphysiologie I, 2. Auflage, Frankfurt, 1991, S.175.

1.3.3 Einfluss sportlicher Aktivität auf die strukturelle Adaption des Herzmuskels

„Die biologische Grundlage der Entwicklung der sportlichen Leistungsfähigkeit bildet das allgemeine Gesetz der Anpassung (Adaption) des menschlichen Organismus an sich verändernde Reize der äußeren Umwelt."[61] Eine Adaption als Reaktion auf häufig auftretende Reize ist beispielsweise am Herzmuskel zu beobachten. Bei häufig wiederholter, ausreichend langjähriger und intensiver Belastung in Form eines Ausdauertrainings, führen die hohe Herzfrequenz, der erhöhte Blutdruck und das über die verstärkte Kammerkontraktion vergrößerte Schlagvolumen zu einer Faserverdickung des Herzmuskels, welcher mit dem Effekt des Krafttrainings bei der Skelettmuskulatur zu vergleichen ist.[62] Die Faserverdickung ist auf die mechanische Spannung, die während der Systole durch die Kontraktion der Herzkammer entwickelt wird, die während eines Ausdauertrainings quantitativ erhöht auftritt, zurückzuführen.[63] Da bei einem Ausdauertrainierten das Herzvolumen größer ist, als es für seine Körpermasse zu erwarten ist, bezeichnet man das vergrößerte und leistungsfähigere Herz als Sport- oder Leistungsherz, welches ohne Blutinhalt ein Gewicht von bis zu 500 Gramm und ein Herzvolumen von circa 1700 Milliliter, ein untrainiertes Herz dagegen ein Gewicht von nur circa 300 Gramm und ein Herzvolumen von circa 800 Milliliter aufweist.[64] Damit einhergeht eine geringere Herzfrequenz in Ruhe und bei nichtmaximalen Belastungen, da die maximale Sauerstoffaufnahme des Trainierten ansteigt. Zuletzt kann es durch ein über ein langjähriges, umfangreiches und intensiv vollzogenes Ausdauertraining zu einer verbesserten Kapillarisierung der Muskulatur kommen. „[Darunter ist die] im Vergleich zum Untrainierten größere Zahl von eröffneten Kapillaren in der arbeitenden Muskulatur bei Ausdauerbelastungen, eine Vergrößerung des Querschnitts der einzelnen Kapillare im arbeitenden Muskel, [sowie] eine verbesserte ernährungswirksame Durchblutung in der belasteten Muskulatur [zu verstehen]."[65] Zu beachten ist allerdings, dass sich ein Sportherz nach Beenden des regelmäßigen Trainings relativ rasch, wenn auch nicht

---

[61] Häcker, Marées, Hormonelle Regulation und psychophysische Belastung im Leistungssport, Köln, 1991, S.9.
[62] Vgl. Marées, Mester, Sportphysiologie I, 2. Auflage, Frankfurt, 1991, S.177.
[63] Vgl. ebd., S.177.
[64] Vgl. ebd., S.177.
[65] Marées, Mester, Sportphysiologie I, 2. Auflage, Frankfurt, 1991, S.181.

vollständig, wieder zurückbildet, wie es bei dem hypertrophen Skelettmuskel ohne regelmäßigen Trainingsreiz der Fall ist.[66]

2. Gesundheitswert und einhergehende Risiken

2.1 Definition der „Gesundheit" und Zusammenhang zum Leistungssport

Nach der Satzung der Weltgesundheitsorganisation (WHO) ist „Gesundheit" allgemein der Zustand völligen körperlichen, seelischen und sozialen Wohlbefindens und nicht lediglich das Freisein von Krankheit und Gebrechen.[67] Um dem Bedürfnis nach diesem Wohlbefinden nachzugehen, wird gesundheitsorientiertem Fitnesstraining immer mehr Bedeutung zugeschrieben. Mit dem planmäßigen, wiederholten Ausführen von Bewegungsabläufen wird also nicht nur die Steigerung der körperlichen Leistungsfähigkeit in Form von Kraft, Schnelligkeit, Ausdauer, Flexibilität und Koordination, die körperliche Ästhetik oder der Sieg eines Wettkampfes angestrebt, sondern durch vermehrtes Bewusstsein auch die allgemeine Gesundheitserhaltung. Als zentrales Beispiel ist die Stärkung der Rumpfmuskulatur durch Krafttraining zu betrachten, welche zur „Prophylaxe gegen schädigende Beanspruchung des passiven Bewegungsapparats"[68] in jeglicher Sport- und Alltagssituation dient. Im Rahmen der Gesundheitserziehung kommt der Ausführung von Sport vor allem auch im Schulsport eine besondere Bedeutung zu.[69] „Die rechtzeitige und altersgemäße Ausbildung der Kraft ist einerseits für die Steigerung der sportlichen Leistungsfähigkeit, auch im Hinblick auf spätere Trainings- und Wettkampferfolge, andererseits aber insbesondere für die Haltungsprophylaxe bei Kindern und Jugendlichen von großer Bedeutung."[70] Die Kräftigung der Halte- und Stützmuskulatur im gesamten Entwicklungszeitraum und darüber hinaus bietet sich hier als bedeutsames Beispiel für die Relevanz von Krafttraining zur Gesundheitserhaltung.

---

[66] Vgl. http://www.dr-moosburger.at/pub/pub012.pdf, aufgerufen am 12.10.2017.
[67] http://www.who.int/about/mission/en/, aufgerufen am 14.10.2017.
[68] Mühlfriedel, Trainingslehre, 5. Auflage, 1994, S.287.
[69] Vgl. ebd., S.287.
[70] Ebd., S.249.

2.2 Risikofaktoren und Belastbarkeit des Körpers

2.2.1 Auswirkungen der Überbeanspruchung (Overreaching)

Überbeanspruchung (Overreaching) bezeichnet einen Zustand, der durch einen unerwarteten Leistungseinbruch gekennzeichnet ist und mit Müdigkeit und Erschöpfung einhergeht.[71] „Die permanente Leistungssteigerung im Trainingsprozess nach dem Motto „je mehr desto besser" wird dann zu einem echten Gesundheitsproblem, wenn die Anforderungen an den Organismus im Missverhältnis zu seiner Leistungsbereitschaft stehen."[72] Vermehrt tritt diese Problematik bei besonders jungen Leistungs- und Wettkampfssportlern auf, da diese neben den puberalen Entwicklungsphasen zusätzlichen exogenen Reizen und Belastungen, wie der Schule, ausgesetzt sind. Befunde aus der Sportwissenschaft zeigen einerseits, dass es einer gewissen Beanspruchung bedarf, um einen progressiven Anpassungseffekt des Trainings zu erreichen und zu einer besseren Leistung zu kommen.[73] „Andererseits sollte aus einer gewissen Überbeanspruchung für Trainingseffekte jedoch keine langfristige Überbeanspruchung entstehen, die zu Übertrainings-Syndrom, Burnout oder einem Ausstieg aus dem Sport führen kann"[74] und sich zudem "ungünstig auf die Funktionalität des Immunsystems [auswirken] und [dazu] [...] oftmals zu einer hohen Infektanfälligkeit der oberen Atemwege und folgendem Trainingsausfall [führen]."[75] Als besonders problematisch ergibt sich der Ehrgeiz des Sportlers, der bei einem Leistungsabfall oder -plateau eine Steigerung des Trainings vollzieht, welche im Fall des Overreachings durch zunehmende Überbeanspruchung zu gesundheitlichen Schäden führt. Die Symptome erstrecken sich über Beschwerden an Muskeln, Sehnen, Knochen und Bändern, nachlassender Muskelleistung, neurovegetativen Störungen, den Anstieg des systolischen Blutdrucks und der Ruhepulsfrequenz, chronischer Müdigkeit, sowie das Absinken der Vitalkapazität, müssen aber über einen längeren Zeitraum beobachtet werden, um nicht als andere Krankheit, seelischer Konflikte oder Ernährungsmängeln aufgrund ähnlicher

---

[71] Vgl. https://sgsm.ch/fileadmin/user_upload/Zeitschrift/49-2001-4/4-2001-4_Vogel.pdf, aufgerufen am 14.10.2017.
[72] Mühlfriedel, Trainingslehre, 5. Auflage, 1994, S.317.
[73] Vgl. https://sgsm.ch/fileadmin/user_upload/Zeitschrift/49-2001-4/4-2001-4_Vogel.pdf, aufgerufen am 14.10.2017.
[74] Zier, Doktorarbeit Belastbarkeit von NachwuchsleistungssportlerInnen, 2015, S.1.
[75] Ebd., S.7.

Merkmale fehlgedeutet zu werden.[76] Gegenmaßnahmen stellen die Ausschaltung aller sozialen und biologischen Faktoren, die den Eintritt des Übertrainings fördern, die Reduktion des Trainingsumfangs, einen Milieuwechsel, Massagen und Bäder zur Regenerationsförderung, sowie vollwertige, reichhaltige Ernährung dar.[77]

2.2.2 Auswirkungen des Bewegungsmangels

Wendet man sich von dem Bevölkerungsteil der ehrgeizigen Leistungs- und Wettkampfssportlern ab, deren Gesundheit durch Überbeanspruchung und Übertraining beeinträchtigt werden könnte und blickt auf den der Industriegesellschaft angepassten Menschen, der sich vom Jäger und Sammler zum Büromenschen mit einem Mindestmaß an Bewegung entwickelt hat, so sind auch die verringerte Leistungsfähigkeit seiner Skelettmuskulatur und seines Herz-Kreislaufsystems, sowie die Auswirkungen des Umbruchs des Aktivitätspensums des Menschen auf die Gesellschaft zu beachten. Betrachtet man die durch Bewegungsmangel leistungsverminderte Skelettmuskulatur, so ist festzustellen, dass diese nur noch eingeschränkt in der Lage ist, das relativ schwere Skelettsystem samt der Wirbelsäule aufrecht zu halten, was in Fehlhaltungen und Fehlstellungen im Bereich des Skelettsystems mit entsprechenden Beschwerden und Funktionseinbußen resultiert.[78] Ebenso zählt Bewegungsmangel, neben Fehlernährung und Rauchen zu den häufigsten Ursachen für Krankheiten wie degenerative Herz-Kreislauf-Krankheiten, Diabetes mellitus, Bluthochdruck, Übergewicht, sowie vor allem bei älteren Menschen Gelenk- und Rückenerkrankungen, Osteoporose („Knochenschwund"), sowie in der Folge Frakturen aufgrund von Stürzen.[79] „Bei älteren Menschen ist Bewegungsmangel laut WHO Ursache von 41-60 Prozent aller Erkrankungen." [80] Laut dem statistischen Bundesamt stehen Krankheiten des

---

[76] Vgl. Mühlfriedel, Trainingslehre, 5. Auflage, 1994, S.320f.
[77] Vgl. ebd., S.321.
[78] Vgl. Marées, Mester, Sportphysiologie I, 2. Auflage, Frankfurt, 1991, S.3.
[79] Vgl. A.und J. Weineck, Watzinger, Leistungskurs Sport Band 3, 2009, S. 178.
[80] Ebd., S.178.

Kreislaufsystems mit 39 Prozent an erster Stelle der Todesursachen im Jahr 2015.[81] In den Jahren 1955-1967 stieg die Anzahl der Todesfälle aufgrund von degenerativen Herz-Kreislauf-Erkrankungen in Australien um 28 Prozent, in den Niederlanden sogar um 50 Prozent an.[82] Die Behandlung der unter Anderem durch Bewegungsmangel verursachten Zivilisationskrankheiten wirkt sich erheblich auf die Kosten des Gesundheitswesens aus, welche mit etwa 40 Prozent ihrer Gesamtkosten veranschlagt werden, lassen die Notwendigkeit vielschichtiger präventiver Maßnahmen zunehmend in den Vordergrund rücken. [83] Aufgrund der ansteigenden Lebenserwartung, zeigt die aktuelle demographische Entwicklung einer Überalterung der Gesellschaft auf. Da vor allem die ältere Bevölkerungsschicht die meisten Kosten des Gesundheitssystems trägt, ist hierbei insbesondere das Bewusstsein zu stärken, dass „regelmäßiges Training [...][die] muskuläre Leistungsfähigkeit bis ins hohe Alter [...] [erhält] und [...] dadurch auch vor den durch Übergewicht verursachten Krankheiten wie Altersdiabetes, Bluthochdruck und Herzinfarkt [...] [schützt]."[84] Vermeintlich lässt sich die Aufforderung zur Bewegung mit dem einhergehenden Verletzungsrisiko kontern. Allerdings sollte hier beachtet werden, dass „ [d] ie Kosten von Sportunfällen [...] insgesamt jährlich etwa 1,5 Milliarden Euro, die Kosten ernährungsbedingter Krankheiten dagegen über 45 Milliarden Euro pro Jahr"[85] betragen. Hinsichtlich dieser Erkenntnis lässt sich das Verletzungsrisikos zusätzlich durch Maßnahmen, wie Aufwärmen und Abwärmen, sowie Hilfestellung oder Aufklärung bei der Ausführung von Bewegungsabläufen, senken und damit die Notwendigkeit von Sport zur Gesunderhaltung des Körpers abermals argumentieren.

---

[81] Vgl. https://www.destatis.de/DE/ZahlenFakten/GesellschaftStaat/Gesundheit/Todesursachen/Todesursachen.ht ml, aufgerufen am 15.10.2017.
[82] Vgl. A. und J. Weineck, Leistungskurs Sport Band 2, Sportbiologische und trainingswissenschaftliche Grundlagen, 2009, S.274.
[83] Vgl. ebd., S. 274.
[84] A.und J. Weineck, Watzinger, Leistungskurs Sport Band 3, 2009, S. 183f.
[85] Ebd., S.191.

2.2.3 Das Modell der Wechselbeziehung von Beanspruchung und Erholung

Erholung stellt den Prozess der Wiedergewinnung von psychologischen und physiologischen, sowie sozialer und emotionaler Ressourcen zur Wiederherstellung der Leistungsfähigkeit und des Wohlbefindens dar.[86] Der Erholungsprozess kann auf physiologischer Ebene durch biologische Anpassungsprozesse oder durch Nährstoffaufnahme, auf psychologischer Ebene beispielsweise durch soziale Kontakte und aktive, sowie passive Entspannungsmaßnahmen verlaufen.[87] Um optimale Leistung zu bringen, gilt es, erhöhte Beanspruchung zu kompensieren, da, wenn das Zusammenwirken von Beanspruchung und Erholung zu einer negativen Bilanz führt, Leistungseinbußen wahrscheinlich sind.[88] Daraus ergibt sich, dass wenn eine höhere Trainingsbelastung zu einer höheren Beanspruchung des Organismus führt, längere Erholungsphasen eingebaut werden müssen, um die sportliche Leistung aufrecht zu erhalten, sowie steigern zu können. Beanspruchung und Erholung stehen also in einem engen Zusammenhang, um die Gesundheit des Körpers aufrecht erhalten und fördern zu können.

III. Auswertung einer Umfrage zur Gesundheitsthematik im Sport an Mitglieder eines Handballvereins

Um subjektive Einschätzungen zum Thema Sport und dem Zusammenhang zur Gesundheitserhaltung und -förderung von jungen, aktiven Sportlern zu erhalten, wurde eine anonyme Umfrage an einen örtlichen Handballverein gestellt. Bis zum 29. Oktober 2017 haben daran 55 Vereinsmitglieder aus verschiedenen Altersstufen teilgenommen und ihre Meinung kund getan. Dabei herausgestellt hat sich vor allem, dass das menschliche Bedürfnis nach körperlichem und geistigem Wohlbefinden bei den Teilnehmern vor allem durch das Handballspielen und Sporttreiben gestillt wird. Auf die

---

[86] Vgl. http://www.bisp-sportpsychologie.de/SharedDocs/Downloads/Publikationen/Jahrbuch/Jb_2003_Artikel/Kellmann.pdf?__blob=publicationFile&v=1, aufgerufen am 15.10.2017.
[87] Zier, Doktorarbeit Belastbarkeit von NachwuchsleistungssportlerInnen, 2015, S.12.
[88] Vgl. ebd., S.12.

Frage, inwiefern der Sport ihre körperliche und geistige Gesundheit beeinträchtigen oder fördern würde, wurde fast ausschließlich mit Aufzählungen geantwortet, die verdeutlichen, wie sehr sie davon profitieren. Neben dem stressigen und bewegungsarmen Alltag, der Schule und dem Beruf könne man Stress abbauen, sich auspowern und damit ein Gefühl der Ausgeglichenheit herstellen. Kraft, Kondition, Reaktion, sowie Koordination und damit auch das Erscheinungsbild, wie auch das Selbstwertgefühl würden gefördert und gebessert werden. Ebenso stiegen die kognitiven Fähigkeiten im Alltag und die Konzentration an, sodass einem das Lernen einfacher falle. Man fühle sich „fitter", das Immunsystem komme einem gestärkt vor und der Teamgeist und die Freude an der Bewegung sollen gesteigert werden. Als beeinträchtigend wurde vereinzelt unangenehmer Muskelkater, sowie manchmal auftretende Verletzungen angegeben. Hierbei wurde allerdings angefügt, dass das Verletzungsrisiko bewusst durch Aufwärmen, Abwärmen und stabilisierenden Muskelaufbauübungen minimiert werden könne. Durch die Aussage „Das Restrisiko ist nahezu bedeutungslos im Gegensatz zu den Vorteilen von Sport" wird deutlich, dass sich die Vereinsmitglieder nicht davon abhalten lassen, ihren Lieblingssport auszuführen. Auf die Frage nach ihrem Wohlbefinden nachdem sie länger auf den Sport verzichten mussten, wurden ausschließlich negative Empfindungen geäußert. Man fühle sich dauerhaft müde, schlapp, schlecht gelaunt, reizbarer, unausgeglichen, „ungesund", das Selbstwertgefühl, die Koordination, die Konzentration im Alltag, sowie die Muskelkraft nähmen ab, der Bewegungsdrang, die innere Unruhe und der Wille seine Mannschaft wiederzusehen nähmen dafür aber zu. Verglichen wurde der Sportverzicht mit einem Drogenentzug. Ein Verzicht scheint undenkbar zu sein, sodass sich nur 1,8 Prozent der Teilnehmer bei körperlichen Beschwerden schonen und auf ihre Teilnahme an einem Handballspiel verzichten würden. Der Zusammenhalt, das Mannschaftsgefühl und der Spaß am Sport bringen 50 Prozent der Sportler dazu auch krank in das Training kommen. Ein Drittel der Umfrageteilnehmer bekennen sich dazu, Medikamente genommen zu haben, um ihren Spieleinsatz zu gewährleisten. Würde es bei einem Spiel zu körperlichen Beschwerden kommen, so sind zwei Drittel fest entschlossen, keine Pause einzulegen, sondern trotzdem weiterzuspielen. Die Begründung hierfür sei das Pflichtgefühl gegenüber der Mannschaft, sowie der eigene Ehrgeiz und Kampfgeist. Um die eigene Leistungsfähigkeit zu steigern, betreiben 70 Prozent der Teilnehmer Kraft- und Ausdauersport und 50 Prozent achten diesbezüglich bewusst auf ihre Ernährung. Rund die Hälfte bekennt sich dazu, durch Sport bereits Erscheinungen der Überlastung erlitten zu haben. Da aber 98 Prozent der Teilnehmer hohen Wert auf Regeneration legen, werden Gegenmaßnahmen, wie das Einlegen von Pausen, intensiven Dehnungseinheiten, die Reduktion des Trainings, sowie Arzt- und Rehatherapiebesuche vollzogen. Nicht zuletzt achtet der Trainer ebenso auf das Wohlbefinden seiner Spieler, um ihren Spieleinsatz zu gewährleisten und ebenso den Spaß am Sport zu erhalten.

IV. Resultat der Recherchen über den Gesundheitswert von Leistungs- und Breitensport

Festzustellen ist, dass sich das Treiben von Sport sowohl positiv, als auch negativ auf den Körper und seine Gesundheit auswirken kann. Entscheidend darüber, ist das Maß, in dem dieser ausgeführt wird. Ein Jener, der die Auffassung „Sport ist Mord" trägt und sich kaum bis gar keiner Bewegung unterzieht, läuft neben reduzierter Leistungsfähigkeit des Körpers, vor allem im Bereich der Skelettmuskulatur, des Herz-Kreislauf-Systems, sowie des Skelettsystems, insbesondere im Rücken-und Rumpfbereich, Gefahr, an einer der Zivilisationskrankheiten, wie Adipositas, Bluthochdruck, Herz-und Gefäßkrankheiten, Demenz, Krebs, oder sonstigen, zu erkranken. Inkludiert man die demographische Veränderung zur Überalterung der Gesellschaft, die den größten Kostenteil des Gesundheitssystems trägt, so ist das Bewusstsein der Relevanz von Sport zur Gesundheitsförderung, und -erhaltung, wie auch zur Entlastung des Staates, zu steigern. Ein Jener, der auf regelmäßiger Ebene Leistungs- oder Wettkampfssport betreibt und sich damit im Grenzbereich körperlicher Leistungsfähigkeit befindet, hegt neben dem Verletzungsrisiko, die Gefahr, seinen Organismus sowohl physisch, als auch psychisch zu überlasten. Bezieht man sich auf Bertolt Brechts Ausspruch „Der große Sport fängt da an, wo er längst aufgehört hat, gesund zu sein"[89], so kann diesem nur zum Teil Zuspruch gewährleistet werden. Durch unvernünftige Verhaltensweisen und dem bestehenden

---

[89] http://www.dslv-bayern.de/wp-content/uploads/2016/03/DSLV_Haeft_02_15.pdf, aufgerufen am 15.10.2017.

Versuch zur übermäßigen Belastung, aufgrund von zu starkem Erfolgsstreben, rücksichtslosem Ehrgeiz und der Möglichkeit auf Zugriff zu Doping- und Medikationsmitteln, wird man dazu verleitet, den Sportbegriff der Gesundheitsförderung und -erhaltung entgegenzuhalten. Demgegenüber ist die philosophische Mesotes-Lehre der Nikomachischen Ethik von Aristoteles zu betrachten, welche die Lehre von der Tugend der „goldenen Mitte" zwischen einem Übermaß und einem Mangel, darstellt. Nach Aristoteles soll durch die Tugendhaftigkeit Glückseligkeit erlangt werden.[90] Ergibt sich aus dem Wechsel von Beanspruchung und Erholung ein Optimum, so wirkt sich der Sport profitabel auf die physische Gesundheit des Körpers aus, sowie auf die Psychologisch-geistige, wie Aristoteles mit Glückseligkeit durch Tugendhaftigkeit zu verstehen gab. Schlussendlich ist also nicht nur die Kenntnis über die Relevanz des Sporttreibens, sondern ebenso die Bedeutung einer optimalen Wechselbeziehung zwischen Belastung und Erholung in der Gesellschaft zu steigern, um die Gesundheit zu fördern und zu erhalten.

---

[90] Vgl. http://www.claus-beisbart.de/teaching/wi2011/prac/prac4.pdf, aufgerufen am 18.10.2017.

V. Anhang

1. Quellenverzeichnis

1.1 Verwendete Literatur

- Häcker, R. (Hrsg.)/ Marées H. de, Hormonelle Regulation und psychophysische Belastung im Leistungssport, Köln 1991.

- Marées, H. de/ Mester, J., Sportphysiologie, 2. Auflage, Band 1, Frankfurt am Main 1991.

- Mühlfriedel, B., Trainingslehre, 5., überarbeitete und erweiterte Auflage, Frankfurt am Main 1994.

- Silbernagl, S./ Despopoulos, A., Taschenatlas der Physiologie, 8., überarbeitete und erweiterte Auflage, Stuttgart 2012.

- Weineck, A./ Weineck, J., Leistungskurs Sport, Sportbiologische und trainingswissenschaftliche Grundlagen, 6. Auflage, Band 2, Forchheim 2009.

- Weineck, A./ Weineck, J., Watzinger, K., Leistungskurs Sport, Bewegungswissenschaftliche und gesellschaftspolitische Grundlagen, 7. Auflage, Band 3, Forchheim 2009.

- Zier, E., Doktorarbeit/ Dissertation über Belastbarkeit von NachwuchssportlerInnen, 1. Auflage, München 2015.

1.2 Verwendete digitale Literatur

- Antwerpes, F., Dr.: „Foramen Intervertebrale", http://flexikon.doccheck.com/de/Foramen_intervertebrale, 2015, aufgerufen am 15.06.2017.

- Beispart, C.: „Einführung in die Praktische Philosophie I", http://www.claus-beisbart.de/teaching/wi2011/prac/prac4.pdf, 2011, aufgerufen am 18.10.2017.

- Brecht, B.: „Die Krise des Sports", http://www.dslv-bayern.de/wp-content/uploads/2016/03/DSLV_Haeft_02_15.pdf, 1992, aufgerufen am 15.10.2017.

- Constitution of the World Health Organisation,
  http://www.who.int/about/mission/en/, 2017, aufgerufen am 14.10.2017.

- Freudig D., u. A.: „Muskelkontraktion",
  http://www.spektrum.de/lexikon/biologie/muskelkontraktion/44457, 1999,
  aufgerufen am 02.09.2017.

- Kellmann, M.: „Erholungs- und Beanspruchungsverläufe von Nationalmannschaften
  des Deutschen Ruderverbandes während der unmittelbaren Wettkampfvorbereitung
  auf die Weltmeisterschaften 2003", http://www.bisp-
  sportpsychologie.de/SharedDocs/Downloads/Publikationen/Jahrbuch/Jb_2003_Artik
  el/Kellmann.pdf?__blob=publicationFile&v=1, 2003, aufgerufen am 15.10.2017.

- Moosburger, K., A., Dr.: „Das Sportherz", http://www.dr-
  moosburger.at/pub/pub012.pdf, 1994, aufgerufen am 12.10.2017.

- Statistisches Bundesamt: „Todesursachen",
  https://www.destatis.de/DE/ZahlenFakten/GesellschaftStaat/Gesundheit/Todesursach
  en/Todesursachen.html, 2017, aufgerufen am 15.10.2017.

- Tripp, E., Dr.: „Erscheinungsformen der Muskelkraft", https://www.shiatsu-
  austria.at/index.php/42-basiswissen/402-erscheinungsformen-der-muskelkraft, 2017,
  aufgerufen am 09.09.2017.

- Unbekannter Autor: https://www.lernhelfer.de/schuelerlexikon/biologie-
  abitur/artikel/gelenkformen, 2010, aufgerufen am 15.06.2017.

- Unbekannter Autor, Deutscher Verlag für Gesundheitsinformation: „Wirbelsäule",
  http://www.operation-endoprothetik.de/wirbelsaeule/#, aufgerufen am 15.06.2017.

- Unbekannter Autor: „Die Herzschlagphase und die Erschlaffungsphase (Systole und
  Diastole)", http://www.albertinen-
  herzzentrum.onlinegesundheitswelt.de/scripts/show.aspx?content=/health/kardiologie
  /gw_herz/herz/aufgaben/systole, aufgerufen am 08.10.2017.

- Vogel, R.: „Übertraining", https://sgsm.ch/fileadmin/user_upload/Zeitschrift/49-
  2001-4/4-2001-4_Vogel.pdf, 2001, aufgerufen am 14.10.2017.

2. Abbildungsverzeichnis

- Abbildung 1: Struktur der Wirbelkörper: http://resources.sport-tiedje.com/intern/fitnesstipps/wirbelsaeule_wirbel-de.jpg (gesehen am 5.11.2017; 12:25 Uhr)

- Abbildung 2: Struktur des Skelettmuskels: http://www.achim-achilles.de/images/aufbau_muskulatur.jpg (gesehen am 5.11.2017; 12:36 Uhr)

- Abbildung 3: Modell des Herz-Kreislaufsystems: https://www.bernd-stumpp.de/wp-content/uploads/2015/08/herz-kreislauf2.jpg (gesehen am 5.11.2017; 12:45 Uhr)

BEI GRIN MACHT SICH IHR WISSEN BEZAHLT

- Wir veröffentlichen Ihre Hausarbeit,
  Bachelor- und Masterarbeit

- Ihr eigenes eBook und Buch -
  weltweit in allen wichtigen Shops

- Verdienen Sie an jedem Verkauf

Jetzt bei www.GRIN.com hochladen
und kostenlos publizieren